# La vie des systèmes

## Bibliographie
## de Franck Houndégla


COMPOSITES - *Paysages urbains en Afrique de l'ouest, à paraître, 2005*

ENTRE NOUS - *Estela Torres, livre d'artiste, 2004*

LES SEMBLES - *septembre 2004, éd. Comp'act,2004*

LA POLYGRAPHE - ***Vol 30-31*** - *octobre 2003, éd. Comp'act*

LA POLYGRAPHE - ***Vol 27-28-29*** - *juin 2003, éd. Comp'act*

THIERRY COSTESEQUE - *texte sur le travail du peintre,*
*Paris, 2003, Galerie Henri Bussière*

DESIGN DESIGNS - *texte dans le catalogue d'exposition,*
*juin 2003, Ecole Supérieure des Arts Décoratifs de Strasbourg*

IMAGES & MEMOIRES - ***Vol 8*** - *printemps 2003*

IMAGES & MEMOIRES - ***Vol 2*** - *automne 2001*

AFRICULTURES - ***Vol 41*** - *octobre 2001*

PARPAINGS - ***Vol 24*** - *juin 2001, éd. Jean Michel Place*

LES NOUVEAUX METIERS DU PATRIMOINE
ET LA CONSERVATION PREVENTIVE
*Actes colloque, 2000, université Paris I*

MOBILE - ***Vol 2 - avec le groupe Bi.cks*** - *septembre 1999*

OU LA LA, *DESIGN(S) ET AUTRES COMPORTEMENTS*
catalogue d'exposition, Drac Rhône-Alpes - Enba Lyon, 1999

ICCROM - *CHRONIQUE* - ***Vol 8*** - *1999*

COMMENT COMMEMORER AUTREMENT DANS L'ESPACE PUBLIC
*Actes colloque, Enba Lyon, 1999*

LES CAHIERS - ***Vol 2*** - *conseil général de Dordogne, 1998*

PASSE, PRESENT ET FUTURE DES PALAIS ET SITES D'ABOMEY
*Actes colloque, Getty Culture Institute, 1997*

TAPAMA - ***Vol 1*** - *décembre 1996*

REVUE NOIRE - ***Vol 20*** - *mars-avril 1996*

HOUN NOUKOUN - *texte dans le livre de Thomas Dorn*
*1996, éd. Florent Massot*

CARGO - ***Vol 12*** - *automne-hiver 1995*

SIXTUS - ***Vol 5*** - *février 1995*

CARGO - ***Vol 10/11*** - *automne-hiver 1994*

FRANCK HOUNDÉGLA

# La vie des systèmes

DESSINS DE THIERRY COSTESÈQUE

Comp'Act ▪ La Polygraphe

Collection
**La Polygraphe**
éditée par Henri Poncet

*Franck Houndégla remercie*
*Patrick Beurard-Valdoye*
*et Jacques Demarcq.*

*Thierry Costesèque*
*dédie ce livre*
*à Madeleine et Georges*

Ici

Le soleil tape sur la fenêtre, je ferme les yeux. Sur le fond rouge se détache en bleu une silhouette de Mickey armé d'une hache, il approche, menace, mais commence déjà à disparaître.

Hier, au sommet de la plus haute des collines qui entourent la ville parvenait ce bruit homogène, habituel, dont seuls les klaxons émergent. Aujourd'hui il semble atténué, recouvert par des intonations incompréhensibles. Ce matin le procès a débuté, toutes les stations de radio le retransmettent, tous les postes sont allumés, j'allume le mien, les intonations occupent la totalité de l'espace et je les comprends.

C'est ici le plus haut point accessible de la plus haute des collines qui entourent la ville. Le fleuve traverse obliquement la totalité du paysage, transparent vers la centrale électrique, aveuglant vers le nouveau pont. Le volume bâti semble dérisoire, il est en réalité presque entièrement caché sous les arbres. Tout jusqu'à l'horizon est vert sombre parsemé de rouge sombre, le relief forme des plis qui se dilatent ou se rétractent selon la progression des nuages. On aimerait consommer ce paysage. Rien à faire, il reste loin, on ne peut que toucher le sol, la végétation, les bestioles, leurs déjections. Aussi décevant que le contact de la mer.

Dans les villes, les pays, existent toujours des lieux où l'on pourrait se croire ailleurs ; comme si d'autres villes, d'autres pays, voulaient y être représentés. Ces citations, de la plus fortuite à la plus maîtrisée, forment une communauté de lieux libres de leur origine et de leur situation. Regroupés en un même site, ils produiraient un catalogue équivoque et exemplaire.

La rue est pentue, large et parfaitement rectiligne. Un trait épais sur un schéma d'urbanisme, un axe d'organisation et de circulation. Elle suit la courbe croissante de la colline au sommet de laquelle est planté un émetteur. La nuit, la colline disparaît, la lumière circonscrit l'espace qui alors se réduit à cette rue et celle-ci à un point extrêmement brillant, situé tout au fond, alors que les façades sont à peine visibles.

Le volume se construit lentement. Les phares sur la chaussée, les fourneaux à thé sur les bas-côtés, les ampoules au-dessus des enseignes et notre œil qui s'accommode. La lumière blanche saccadée provient des cours, la lumière jaune orangée dessine les boutiques. Le fond de la rue irradie ; toute l'énergie converge, se concentre.

On entreprend de la remonter jusqu'au sommet, de parcourir cette mise en scène qui ne peut se conclure que par un monument. Carrefour fleuri, figure abstraite ou statue en pied au nom prestigieux. Petit à petit se dessinent des masses, blanches, qui deviennent des taches, puis des choses. Le goudron s'interrompt à l'entrée de la zone éclairée. Partout s'étalent des cailloux, des bris de moellons, des fruits, des légumes écrasés, des épluchures, d'indéfinissables restes de marché ; au loin dominent de petits bâtiments, probablement de stockage.

Une déception monumentale, une déception rassurante. Contradiction de l'évidence, indifférence au modèle.

Rien n'est ici à prendre comme tel. C'est une ville d'émulsion. Devenue autre sans avoir été rebaptisée, elle ne se correspond pas. Une structure lisible s'est posée sur un fond antérieur imprécis caché aujourd'hui derrière et entre ces axes, façade, places qui donnent à la ville son image générale, qui occupent une surface infime mais un emplacement stratégique. Parfois, une grenade dont le poseur est mort depuis bien longtemps explose sous le boulevard et mutile; parfois un ustensile de cuisine qui date de l'époque des affrontements empoisonne. Mais au fil des années la ville devient homogène, les sols se déminent et tout se correspond.

Le ciel était noir. D'ici, toutes les vues donnaient une image égale, aucune incitation qui aurait pu orienter le chemin. Donc, on avança, sans regret ni enthousiasme, simplement parce que le corps est orienté.

Assis dans le bus, je pivote le bassin pour gagner du confort et le monde m'apparaît clair, évident. J'étends la jambe gauche et possède un entendement infini. Je reviens à ma position initiale et tout rentre dans l'ordre, mais je garderai définitivement l'impression de ces secondes de lucidité.

Les passagers tressaillent, l'habitacle s'agite, l'autocar progresse lentement, chaque point de la route possède son altitude et sa consistance. Le délai entre les mouvements de la caisse et leur incidence sur le corps permet de préparer son placement dans l'espace. Les mouvements autonomes – tourner la tête, déplier un bras, ramener les pieds à soi – composent avec les configurations successives de roulis et de tangage.
Parfois presque à l'arrêt, lorsque le débattement des essieux est insuffisant, nous conservons toujours ce minimum de vitesse qui fait que nous sommes en mouvement. Le paysage se démultiplie. De gauche à droite et d'ici à l'horizon. En se tournant vers les fenêtres opposées, c'est presque pareil, de droite à gauche, d'ici à l'horizon, mais en cours le regard est distrait par la densité de poussière dans l'habitacle, l'épaisseur des montants et la saleté des vitres.
La lenteur qui accroît la variété et le niveau de détail du paysage donne de quatre-vingt kilomètres une expérience infiniment supérieure.

Le moteur est éteint, la chaleur monte, le phare est allumé, je suis sourd. J'ôte le casque et descends. Je perçois un bruit de fond continu, mat, une nappe, puis l'odeur du charbon de bois brûlé, réconfortante – fin de journée, repas, activités humaines – puis des bribes de conversations, elles doivent provenir de Kangaba, à quelques centaines de mètres.
Le ciel est bleu sombre, les étoiles blanches. Dans un projet de musée, le plan-relief d'une ville moyenne, daté de 1722, était présenté comme l'image de celle-ci vue d'une étoile. Il était placé au centre de la pièce, à l'aplomb d'un point lumineux figurant l'une des étoiles qui devait recevoir la lumière réfléchie par la Terre en 1722 et dont la lumière d'alors nous parvenait.
Cette odeur de charbon de bois, la nuit, précède habituellement la vue d'un village. Je la sentirai deux ans plus tard, entre deux stations de métro à Paris. Pendant un instant, je serai totalement décontenancé, libre, dématérialisé.
Le phare délimite une zone ocre rouge crénelée. De part et d'autre, tout est noir, jusqu'aux sommets des arbres qui forment deux lignes ondulées qui encadrent la route. Comme lorsque l'on regarde le ciel étoilé et qu'apparaissent des dessins, elles se forment d'éléments en réalité dispersés.
Ce défaut d'appréhension de la profondeur proviendrait, pour la vision nocturne, d'une réduction dans la perception des couleurs et des valeurs – lesquelles comptent autant que la différence de perspective d'un œil à l'autre. Par contre, pour le ciel étoilé, il semble que sa proportion soit trop grande pour qu'on puisse évaluer les distances, et que les indices donnés par la taille et la brillance des étoiles soient trompeurs.

La différence pourrait être que l'on a l'expérience de la Terre et pas celle du cosmos; on ne prend pas ces lignes ondulées pour ce qu'elles ne sont pas. J'éteins le phare, lève la béquille et pousse. Maintenant, les lignes ondulées disparaissent en sommets immobiles, lents, rapides.

Le mémorial aux Martyrs du 24 janvier 1897 ne fut érigé et inauguré qu'en 1934 – le temps de réajuster mémoire et histoire. Son plan est rectangulaire, un rectangle formé de deux carrés. Le maire de la commune, honnête homme féru de modernité avait demandé au sculpteur une évocation du massacre aussi abstraite qu'identifiable; il en résulta un parallélépipède d'où émergeaient une vingtaine de formes humanoïdes. Plus loin, à trois cents mètres, sur le même trottoir, se trouve l'école primaire qui date de 1924. Son plan est un carré aux côtés juste assez inégaux pour qu'il forme un peu plus d'un carré. Un carré un peu moins que carré. L'assassinat des futurs Martyrs se produisit sur ce trottoir, on les fit aligner contre le mur puis on les fusilla; l'endroit se trouvait environ au milieu de la distance qui sépare aujourd'hui l'école du mémorial. La situation de celui-ci est fausse. Un mensonge de cent cinquante mètres et plusieurs décennies. Si les pouvoirs publics s'étaient trompés de cette distance dans le sens opposé, le mémorial aurait pu s'emboîter dans la façade de l'école, créant ainsi une architecture inédite pour l'époque, visionnaire.

Vue d'en haut la côte sablonneuse se transforme vite en massifs de montagnes, étrangement griffées de lignes parallèles, blanches sur gris violet, puis les maisons dispersées se multiplient à mesure de la descente et brillent comme des maquettes, leurs toits comme en plastique rouge. En bas, la ville est grosse de chantiers et de couleurs, teintes saturées en redondance ou en écart des modénatures des façades. Les grandes percées martiales font illusion quelques temps, partout ailleurs domine l'agrégation architecturale.
La salle de la pizzeria est sombre ce soir, quelques bougeoirs sur les tables, une famille réjouie d'une douzaine de personnes occupe une longue table, l'orchestre assis juste devant moi, réunit un homme à guitare aux yeux comme soulignés de noir entre trente-cinq et quarante, un homme à clavier souriant plutôt quarante, une femme de trente-cinq à perruque noire, frange devant, long derrière comme Nina Hagen à la fin des années 80, un homme à trompette dans les quarante-cinq débonnaire, la chanteuse porte le physique des gens de la nuit qui en ont vu beaucoup, les autres font plutôt baloche tranquille, soudain ils saisissent les instruments et entament une série de morceaux balkaniques entraînants, la famille rejoint le centre de la pièce et commence à se démener, débute alors une version funky de The wall de Pink Floyd, tous se lèvent, *Hey, teachers, leave the kids alone!* Le guitariste ne se tire pas trop mal du solo de Gilmour, le clavier est vraiment mauvais, arrachant des couacs à son synthé-boite à rythmes. C'est ensuite Walk of life de Dire Straits, dansé twist, le morceau est pire que l'original, le clavier garde le même accord sur la deuxième

partie du thème, étrange, le morceau laisse une impression d'insatisfaction harmonique ; puis viennent les slows, en anglais international, la famille quitte la piste pour le dessert, debout il ne reste que le tonton et la nièce enlacés, quarante et douze ans, ou peut-être père et fille, qui sait, ils ne montrent aucune ressemblance à la lueur des bougies.

Il y a la tour des télécommunications, très belle la nuit, graduée de points rouges, et le camp des garde-camp qui s'étend sur plus de trois hectares à environ trois cent mètres de la station de taxis.

Au bord de la route, l'unique station-service franchisée côtoie un bâtiment dont l'étage est un bar, l'escalier longe la façade en diagonale, à l'intérieur une seule table est occupée par trois jeunes hommes assis, deux noirs, un blanc. L'éclairage multicolore promet une ambiance de fête, contraste avec la ville qu'on domine, calme, aérée, des lumières çà et là.

Juste en dessous on domine les pompes à essence vert pomme. Pour rejoindre le camp des garde-camp, on prend une route grise, très large, sans délimitations certaines, silencieuse, pas un véhicule. En la poursuivant sur quatre-vingt kilomètres on rejoint les falaises. Le camp, peu construit, est couvert d'un ciel vaste et noir, étoiles claires, lune presque circulaire, la tour des télécommunications domine sur la gauche. Les quelques bâtiments, demi-sphères et blocs, sont espacés d'au moins cent mètres, aplatis. Le lieu emprunte à l'usine, au désert, à l'exploitation agricole. Le temps est devenu doux, léger vent, les candidats militaires sont allongés sur des nattes, devant un petit dortoir en ciment où il fait cinquante encore degrés. En face, se trouve un grand arbre au nom latin ou local inconnu. Sur une table basse un dictionnaire ouvert définit un nom commun masculin, *Arbre ou arbrisseau dont le bois très léger renferme un large canal médullaire et dont la fleur odorante donne des fruits en grappes de boules rouges ou noires*. Le camp est un décor où la place de chaque élément construit et végétal aurait été longuement étudiée : poser, s'éloigner, regarder, coller.

Quand les hommes revinrent de la guerre, on construisit en urgence un immeuble de quatre étages dénommé Maison du Combattant. Le langage parlé le transforma en Maison du Foutu puis Maison du Fou. On y accueillait tous ceux dont le comportement était devenu incompatible avec la vie sociale. Les autres, sains d'esprit, qu'ils furent entiers ou cassés purent retrouver leur foyer. Au bout de quelques mois, alors que les effectifs de la maison restaient stables, on s'aperçut que leur composition ne cessait de se modifier. L'interpénétration des groupes de combattants paraissait impossible à contrôler; certains s'évadaient grâce à la complicité d'autres qui venaient les remplacer. À la suite d'une grève du personnel, les élus décidèrent de résoudre définitivement le problème. Ils prirent une série de mesures qui montrèrent rapidement leur efficacité: embauche de gardiens, éclairage extérieur du bâtiment, campagnes d'affichage, incitations individuelles. Aujourd'hui, la maison a changé d'affectation. La partie Nord accueille un centre social où les jeunes peuvent entre autres choses trouver une bibliothèque, un club de jeux de société, des équipements sportifs, suivre une initiation à l'informatique. La partie Sud a été aménagée en musée du Combattant où sont mis en scène objets quotidiens, armes, costumes, photographies, documents écrits et sonores. Il comprend également une bibliothèque et une boutique. Le conservateur du musée et le directeur du centre social viennent de décider de faire casser le mur épais qui sépare leurs établissements, bientôt la maison redeviendra une.

Unidimensionnel, univoque, cet immeuble ne dit rien qui vaille, Sous quelque face qu'on le regarde il est le même. On le dynamiterait, on l'essorerait qu'il resterait muet. Beaucoup de prétention mais il ne raconte rien, ne dit rien, laisse l'imagination indemne. Un nouvel objet de grande masse et de grand volume, se réclamant d'une certaine ascèse architecturale. Une trame soulignée, de beaux détails, de la maîtrise, de l'immobilier, de la conception, parmi lesquels on cherche désespérément de l'architecture. En faisant le tour ou en s'éloignant pour tenter de l'insérer au paysage, il montre encore la même mauvaise volonté. Pour une fois, les illustrations photographiques de l'article dont il est l'objet ne seront pas à blâmer. Plus de problème de représentation, la restitution est parfaite. Deux vues extérieures, une vue intérieure, puis en dernier l'architecte apparaissant tel un premier prix littéraire. Une image pleine de promesses intellectuelles. Les quatre illustrations surplombent des questions en gras, des réponses en maigre, des extraits de réponses en plus gros caractères, un grand titre, un petit carré noir conclut l'article.

Les arbres sont alignés de part et d'autre de la rue, le premier, le deuxième, le troisième, le quatrième, le cinquième, puis il devient difficile de les compter. Le regard glisse jusqu'au dernier, à cent mètres, et la personne attendue apparaît, vient, se forme à mesure de l'approche jusqu'à être totalement elle-même à quelques mètres et amorcer le geste d'une poignée de mains.

Ce fut la dernière photographie du groupe. Ils sont une vingtaine, alignés en trois rangs sur les marches de la mairie. Sachant qu'ils disparaîtraient quelques secondes plus tard, on ne peut s'empêcher de leur attribuer des états mentaux, percevant leurs rires, sourires, air absent ou grave comme l'intuition d'un futur proche définitif.

Un point. Une ligne. Un plan. Un volume, un corps, un humain, une vie d'homme. Une vie saisie dans un monde terrestre à quatre dimensions. Tout ce qui a été, est, sera, cohabite. Appréhensible par une forme finie, celle de toutes les positions qu'il a occupées, occupe, occupera et celle de toutes les pensées. Un monde plein, sans négatif possible, où tout se mêle. L'humain y apparaît comme un circuit plus ou moins étendu débutant minuscule et finissant à l'horizontale. Un circuit arborescent et clos portant des concentrations d'innombrables nœuds – les habitudes, et des déliés – l'exceptionnel. Et ces circuits terrestres sont démultipliés par les translations, rotations, distorsions de l'univers.

# Déplacement

Le trajet du déjeuner, on ne le fera pas éternellement, même si on l'a tant fait et qu'on le fera tant encore (nombre fini, ensemble des trajets à même dessein parcourus dans une vie). Comment profiter de cette perte de temps, de cette contrainte ? Serait-il possible de tirer de l'accumulation d'actions similaires des règles générales ? Emprunter quotidiennement le chemin reliant le lieu de travail à celui du déjeuner et n'assister à rien de notable pourrait-il ouvrir sur une appréhension du monde si vaste qu'elle puisse se décliner en philosophie, mathématiques, biologie ? Devant le peu de réussite de cette méthode, la décision est prise de changer d'itinéraire. Et maintenant, dans quel sens se diriger ? Par ici. Un accident se produit, presque mortel. Le coma dure plusieurs semaines. Au réveil, la première impression est que l'intuition a conseillé un changement de direction, que celui-ci a entraîné ce qui peut apparaître comme une malchance, que cette malchance est une occasion inespérée de transfigurer le quotidien. La deuxième impression : que cet accident n'est pas si profitable, que le trajet du déjeuner n'aurait jamais dû changer. Elle ne cesse de se renforcer.

Nos gants translucides sont bien ajustés. Êtes-vous prêtes ? Aujourd'hui, nous avons décidé d'une surprise totale. Froisserons malléoles, jumeaux, quadriceps. D'abord, un peu éprouvant mais doucement vos sensations s'équilibreront jusqu'à la quiétude inespérée. Couchées en déséquilibre, le flanc contre le matelas en mousse, un bras le long du corps, l'autre en appui, vous avez en nous une confiance totale. Nous vous le rendons bien. Débutons : votre décontraction nous touche, le programme se poursuivra une heure durant. Alterneront donc froissements, quiétude inespérée et somnolence douloureuse.
En nous projetant à la fin de la séance, nous vous voyons : vous relever sur les coudes, tendre vers le sol la jambe de votre choix, demander un verre d'eau, fixer la date de la prochaine rencontre, enfin, nous régler d'un sourire et en espèce, comme cela s'est toujours produit (cette remarque ne dénote aucune lassitude). Puisque vous semblez vous intéresser à nos vies extra professionnelles, sachez que nos activités hors de ce lieu tout équipé installé pour le calme qu'on n'espérait plus sont de deux ordres. En premier, la recherche du bruyant, du violent, de l'irritant, du contrariant, ensuite, suffisamment exaspérés, nous tentons de mixer l'insupportable ci-dessus et l'infinie quiétude là.
C'est ainsi depuis quelques années et nous demeurons satisfaits de ces principes qui ont demandé un travail constant. Réflexion, élaboration, concertation, ajustements.
En derniers mots, nous voudrions nous rappeler bien affectueusement à votre fidélité.

Entre le rez-de-chaussée et le premier étage dont le palier dessert un seul appartement, le vôtre, on tourne de plus de trois cent soixante degrés, la rampe vue d'en haut ressemble à un poisson ou à un barreau métallique tordu par un illusionniste. Je sonne, la fenêtre doit être ouverte, un klaxon se joint aux bruits de freinage que je pris durant quelques secondes pour des grincements de semelles. Déception. Je m'assois dos à la porte. Pour patienter sans ennui, je cherche un problème à résoudre, une chose qui me tracasse et à laquelle je n'ai ordinairement pas le courage de penser. Aussitôt s'impose le problème adéquat. Par certains aspects il me semble bien dérisoire, par d'autres, que je n'avais jamais développés, il provoque une inquiétude justifiée qui accapare toute la capacité de réflexion. Lorsque l'essentiel est résolu, je fais intérieurement quelques exercices rythmiques. Un, deux, un, deux, un, deux – pause – un, deux, trois, quatre, cinq – pause – un, deux, trois. En entendant votre toux, je constate ma réussite : je n'ai pas regardé ma montre depuis trente minutes. Vos pas sont irréguliers, vous vous éclaircissez la gorge et sifflez une mélodie en alternance, le tout en synchronisation parfaite avec mes exercices. Ceci, je ne manquerai pas de vous le rapporter dans quelques secondes, dès que nous nous serons salués.

Plein de colis bien pleins sinon bourrés nous suivent comme des outres et nous les traînons pour cela et nous les avons traînés depuis des jours pour cela : déménager, gagner un coin. C'est en haut de la colline qui sert d'observatoire au lac que nous habitons, l'ascension fut facile jusque là, nous étions concentrés sur l'action : organisation du déplacement du lieu de vie, pas encore sur l'adaptation de la vie au lieu, la transformation des habitudes et des pensées ; je souhaite qu'il n'y ait aucun temps mort, pas de mélancolie. Là d'où nous venons une fuite avait pulvérisé le plancher et recouvert de trente centimètres. Dès le sinistre le bâtiment changea de nature, résidence à étage qui devient une sorte d'entrepôt où nous faisons du camping, sur le plancher de la mezzanine accidentelle qui donne le vertige, l'escalier est désormais branlant. La motivation à partir, le soulagement du départ vient d'abord de là : peur de l'escalier branlant et du plancher qui s'effondre. Ici, il nous faut donc réorganiser la vie, satisfaire les besoins essentiels, apaiser les traumatismes. Nnous sommes cinq avec nos âges, nos rôles et responsabilités et contraintes. Dans cette maison nous entrons les mains libres.

Il a tartiné les baffles de salive et passe une cassette de la voix de l'aimée, volume 10. Les *s*, les *b* et les *p* font gicler la salive sur son visage. Elle est là ! Il jette l'allumette dans la flaque de pétrole.

# Là-haut

Deux planètes tournent en miroir, l'une contre l'autre; elles sont si proches que leurs habitants font des jeux de balle chaque fois qu'ils se retrouvent et, bien vite, hors de portée, échangent des saluts et se souhaitent la meilleure révolution.

Je meurs dans cette vie sans m'en apercevoir, en sortant de la salle de bains et poursuis dans une vie suivante sans m'en rendre compte, en sortant de la salle de bains, j'ai laissé derrière moi une personne paniquée qui d'ici à sa mort se rappellera parfois mon corps étendu sur le seuil de la salle de bains. Mais dans la vie présente, je pourrais la voir mourir alors qu'elle poursuivrait simplement dans une autre vie.

À droite la route, à gauche le ravin, je suis presque au bord, dans les Pyrénées, au milieu du peloton, nous sommes collés les uns aux autres dans le sillage d'une voiture de télévision, qu'est-ce que je fais ici ? Habillé comme à la ville. Mes jambes moulinent, les roues longent le vide, je ne supporte pas, il faut en finir, partir sur la gauche et se décider à tomber ou alors gagner la corde. Je décide. Ce ne sont que quelques instants de terreur. Le déséquilibre, la lutte et le point où l'on se sent partir, la chute, le vacarme de l'air, le sol immobile qui soudain remonte, de plus en plus vite, je me contracte, que puis-je faire pour la dernière fois, gesticuler, chanter, fermer les yeux ? Je me sens complètement dépassé.

L'homme invisible aveugle ne voit personne, personne ne le voit. Comme on imagine que son corps est sans limite, on parcourt le paysage en lui parlant plutôt que de fixer le vide. Mais en fait, ce corps est bien présent et contraint : sa voix résonne de quelque part. Et dans la discussion, il scrute notre voix, on le sent, alors on se concentre sur ce que l'on dit et quand il parle à son tour, on l'écoute.

Ce matin
la lagune de Porto-Novo
a rejeté le corps d'une femme
avec un bébé au dos.

C'est un plateau vaste et sombre où l'on se rend pour fabriquer des chimères. On en choisit les caractères, les qualités, en jetant au ciel des invocations, des pouvoirs, des souhaits, des fluides, des dessins, des manuscrits.
Le tout monte et fait *schlouf!* Une masse lumineuse se déploie dans le vide et forme une créature entre dragon, sanglier et robot. Elle tournoie dans le ciel et file affronter une autre chimère. Si elle en réchappe on la fait combattre encore jusqu'au meilleur score.

Microthanatoscopie. On décrit ici à l'échelle cellulaire et dans un temps ralenti à l'extrême, divers arrêts du processus vital. Événement interne ou externe, progressif ou subit, accident cérébral, affection, collision routière ; quand précisément peut-on identifier les premiers signes ?
Ici, on écrit beaucoup en scrutant la vidéoprojection du microscope sur le mur du labo, des figures immenses et lentes s'agencent en motifs biologiques terminaux. Tant motifs que racines de savoir.

Vers midi heure locale, un point brillant apparaît comme prévu au nord-est. Encore une minute et nous distinguons la flamme des rétrofusées, bientôt le parachute s'échappe. Ce vingt juillet nous sommes arrivés dans la région de Chryse Planitia, le paysage parsemé de roches et cailloux ressemble à un autochrome, ciel bleu pâle, sol ocre rouge et orangé. Nous sommes arrivés sur Mars tous les cinq pendant la séance de spiritisme, nous en faisons presque tous le week-end chez l'un ou chez l'autre, mais ne sommes jamais parvenus si loin. À ce moment on peut nous voir assis autour de la table au plateau circulaire de l'appartement, en réseau, mains écartées à plat, jointes par les pouces, liées deux à deux par les auriculaires, mais nous sommes loin, debout sur mars, marchons lentement, explorons le paysage, surveillons les cailloux qui manquent de nous faire chuter. L'atterrisseur de Viking I vient de se poser à deux cent mètres et nous approchons tranquillement, il doit être brûlant. Où se trouvent les caméras ? Nous agitons déjà les bras et faisons des grimaces, les ingénieurs là-bas risquent de tourner de l'œil en voyant s'afficher les premières images. Les gars vous êtes sûrs qu'il y a pas d'armes dans l'engin ? Allons faire un tour, on reviendra plus tard. Au bout d'une centaine de mètres on se retourne, Viking est toujours là, solitaire sur le terrain vallonné. Vous voyez, c'est très beau ici mais pas très varié, je rêve d'aller voir Olympus Mons ou Valles Marinaris, si vous voulez on pourrait faire un tour vers le nord, calotte glacière, Viking II doit bientôt arriver là-haut, dans un mois et demi. En fin d'après midi nous parvenons à Utopia Planitia, satisfaits de découvrir un autre type de paysage, congelé. Alors nous attendons et comme le temps se fait

long nous décidons de l'accélérer. C'est un cycle ininterrompu de soleil qui déboule à l'horizon, pourpre, se diffuse au ciel entier, bleu pâle, blanc, orangé puis s'éteint en retournant au pourpre. Il disparaît.
Puis il revient d'en dessous, aube précipitée, déboule à l'horizon. Un vacarme permanent, son de l'atmosphère comprimée, dilatée, Mars réchauffée, gelée, craquements de roches, glace, tempêtes de sable. Le jour est levé mais cette fois nous le figeons, un soleil fixe, il reste un bruit de fond qui s'atténue peu à peu. Vers huit heures locales ce trois septembre, une tache claire chute en diagonale depuis le sud-est, tache enflammée, le parachute se déploie et s'échappe.

# Hommes, objets

Lorsque les maçons ont monté la cloison, ils ont muré par inadvertance une ampoule électrique. On l'allume parfois, par accident, elle brille pour personne, pour rien, pour rien d'autre que le vide entre les plaques de plâtre, jusqu'à ce qu'elle grille un jour.

Le sol est peuplé de brins, pas exactement de la poussière, des brins : car on identifie les composants, surtout pas des moutons. Des petits morceaux de textures et de couleurs, du mousseux au compact, granuleux ou lisse ; il y en a toujours dans les coins, ils ont chu, baladés par notre passage, la météo, l'électricité statique. Ouverture d'un courrier postal, quelques morceaux de papier s'échappent aspirés vers la porte, glissent au sol, happés par la semelle et dispersés. On les voit donc, brins, ils reposent au sol.

L'homme électrocuté sur sa mobylette. Un câble arraché par la tempête traîne dans une flaque. Le corps de l'homme par terre sur sa mobylette. Demeure en position assise sur sa mobylette couchée sur le sable. Personne ne doit l'approcher.

L'œuvre accrochée dans la galerie sud. Je l'imaginai remonter son histoire ; circuler de musées en collections, décrochée, emballée, déballée, emballée, disparaissant des livres et des souvenirs, puis en achèvement, en peinture, en matériaux, apprêtés, bruts, puis en matière.
La matière en attente, dispersée, prête à se composer pour suivre le chemin chronologique de sa destination.

La jeune femme qui ouvre la porte aux clients de la poste tous les jours tout au long de la journée s'organise autour de cette porte en bois du bureau de poste qu'elle ouvre en poussant la barre métallique, salue le client qui entre, le vérin la referme, ouvre la porte à ceux qui sortent, les salue, maintient des journaux sous l'autre bras.

Un jour, travaillant sur l'ordinateur, je renverse le gobelet de chocolat avec la souris et enfonce aussitôt les touches *Pomme* et *Z*, combinaison d'annulation.
C'est un échec. Seul l'espace informatique permet le repentir. Un repentir immédiat ou indéfiniment reporté tant que l'on n'a pas enregistré. Un espace familier de repentir et de suspension illimités.

# Animaux

## Lapin

Les lapins de la maison se donnaient à manger parfois
le plus gros du clapier était choisi
pendu par les pattes arrière
assommé
sitôt devenu pendule
oscillait, vrillait, ballotté par l'abattage
déshabillé
la peau s'enroulait comme un justaucorps
ouvert puis vidé
se répandait alors la vapeur des viscères
nettoyage, préparation, assaisonnement
cuisson, présentation et service s'enchaînaient
dans les assiettes enfin il se délitait.

## Chien

La dame traîne un chien
sa patte arrière gauche est plâtrée
des coussinets à la rotule
il gambade sur trois
et la papatte folle pivote proprement sur son axe
raide comme un bras de poupée

## Cabri

Le cabri passe sous un taxi break qui pile puis repart en l'écrasant des roues arrière, la roue écrase l'abdomen et le corps se redresse, le torse d'un côté, les pattes arrière de l'autre. Il gît sur la voie et se relâche, la queue glisse lentement du flanc vers l'arrière, on dirait une coulée de sang. Un garçon se précipite sur la voie, soulève le corps par les pattes deux à deux et rejoint le bas-côté.

## Âne

Je bloque les freins, la roue avant est à quelques centimètres d'un trou profond. Je respire puis recule et le contourne. Au fond, un âne, le cou brisé. Malgré la chaleur, on ne sent rien.

Il gambadait, distrait et fut happé par le trou. Ou alors est-ce la fatigue de l'âge ou de la maladie : il peinait à remonter le terrain accidenté et s'est alors senti glisser, son poids l'a entraîné, il a basculé et s'est tordu le cou. Figé sur le dos, les pattes en l'air, le cou vrillé, la tête retournée, il se décomposera au soleil. Le temps passera. Personne ne se préoccupera du cadavre, et il restera au fond du trou un squelette ou une momie. Sauf si les villageois se débarrassent du corps avant, en le remontant ou en le couvrant de chaux pour le dissoudre. Alors, il ne restera rien.

## Protocole

depuis petit j'aimais accompagner mon père en visite
le protocole était toujours le même
je m'aménageais une place sur le siège avant
les places arrière et le coffre
remplis de bottes, blouse, seringues
cordes, gants, pulvérisateur, boite stérile
thermomètre, stéthoscope, flacons
je me faufilais sur le siège de gauche
entre les petits cartons, journaux et courriers
et nous prenions la route
accompagnés par la radio
routes, carrefours, dos d'âne, routes, ronds-points
rues, venelles, chemins, routes, sentiers
nous approchons de la ferme
accueillis par un chien aboyeur puis un autre chien
un groupe de chiens
escortent en chœur la voiture jusqu'à l'étable
mon père coupe le contact – plus de radio
descend, ouvre le hayon – la fraîcheur entre
enfile bottes et blouse
choisit produits et instruments
ferme le hayon
je descends et le suis vers l'étable
nous passons la porte
il y a toujours cette ambiance studieuse
vaches en rang d'oignon
et cette odeur chaleur
à la fois bouse fraîche, foin sec, ensilage et paille
une odeur sucrée épicée qui chauffe le nez

les poumons, avant de pénétrer les vêtements
les traverser, vous suivre jusqu'à la douche
les vaches – souvent ç'en était
s'agitent à notre arrivée
se tournent sur notre passage
balayaient leur arrière de la queue
souvent ç'en était, des vaches
mais aussi des brebis, chevaux, chèvres
et autres bi-ongulés
mon père demande deux seaux pleins d'eau chaude
alors démarrent et se déroulent les actes médicaux :
prophylaxie, vaccination, traitement de maladie infectieuse
vêlage, césarienne, panaris et autres mammites
mais parfois pathologies aux symptômes troubles
véritables points d'interrogation
nous nous trouvons donc à la fin de l'acte
mon père nettoie ses bottes, les asperge
avec l'un des seaux, les désinfecte
voilà
il retourne à la voiture pour ôter blouse et bottes
nous rejoignons alors la maison de la ferme
il y a toujours une ambiance et une odeur chaleur
nappe vichy rouge, rideaux à lanières
senteurs de cuisine, vapeurs de café, du café ?
ou alors une bière, un alcool, un sirop, une verveine ?
l'ordonnance faite
le client tend le chèque
et le fils y veut faire vétérinaire aussi ?
ho, il ne sait pas, on verra, il fera ce qu'il veut
le véto retourne à sa voiture
au démarrage – la radio

les chiens approchent
règlent leur allure sur celle de l'auto
qui accélère
ils l'escortent tout de même jusqu'à la clôture
puis le sentier descend, rejoint la route
quelle heure est-il maintenant
selon le moment nous prenons la route du bureau
ou celle de la maison.

## Le veau de Noël

Noël, c'était un jour de
chez un agriculteur prénommé Noël
amusante coïncidence
Depuis des heures la génisse faisait les eaux
il téléphone au vétérinaire
qui promet de rejoindre la ferme au plus vite
On entend bientôt le moteur du véhicule
Docteur, le veau n'est toujours pas sorti
il enfile ses gants
cherche par l'utérus les sabots accessibles
en repère un, l'enserre d'une fine corde
tente une traction
il émerge à grand peine
Rien de plus
Ce sera une césarienne
Chacun dans l'étable se rend utile à l'intervention
une quinzaine de personnes, enfants, épouses, frères
Il incise l'abdomen près du flanc
déjà apparaît la tête du veau
on lui colle aux naseaux un stimulant respiratoire
Mais il s'épuise
Gigote
Capitule
C'est fini
L'étable se vide soudain
Il faut sauver la mère, on finit d'extraire le petit
Inerte mais bien fait
Un veau costaud, trop pour cette génisse

## Hérisson

c'est un enfant de notre âge
un voisin qui nous avait dit
qu'ils avaient trouvé un hérisson mort
aussitôt nous voulions le voir
il se trouvait dans un sac en plastique
prêt à rejoindre la poubelle
nous avons voulu l'emporter pour mieux le regarder
alors, plutôt que de le jeter, nous l'avons déposé
hors du sac en plastique dans un fossé
qui bordait un virage près du lotissement
nous partions le regarder matin et soir
avant et après l'école, intrigués, drôle d'animal
c'est au bout du troisième jour qu'il a commencé
à se passer quelque chose, au soleil
une vague odeur, il avait gonflé
cela se confirma le lendemain
des grappes de mouches se posaient sans cesse
chaque jour différait de la veille
l'odeur montait
le ventre fut bientôt perforé par des asticots
et il dégonfla
les gens commencèrent à se plaindre
quelle infection
il y avait des mouches
toutes sortes d'insectes à ailes et des vers
des foules de vers
des foules de piquants dispersés
le corps ondulait lentement
et petit à petit, au fil des jours

tout s'aplatissait
une semelle trouée
il paraissait dur et prenait un aspect noir et lustré
il s'aplatissait tellement qu'il épousait la forme
des cailloux de pouzzolane
les restes se rabougrissaient mais un jour
plus rien, plus de carne et de piquants
un adulte avait dû aider la nature
ce petit rien de la veille ne pouvait avoir
disparu tout seul

## As dead as the dodo

Il ne sait pas qu'il l'est, Le dernier dodo, il mène sa journée tranquillement, cheminant plein de roulis, dernier dodo aux Mascareignes, il aperçoit quelques coquilles d'œufs, s'approche. Vides. Puis croise un autre dodo qui regarde par terre avachi, le rejoint plein de roulis, le salue. Mort. Poursuit sa route, gratte le sol de la patte. Picore. Détecte une présence, prend la fuite, éblouissement, fin, 1681.

# Des systèmes

## La Timée

La Timée trône au centre de la petite pièce blanche recouverte de panneaux acoustiques; c'est un cube en bois sombre debout sur un sommet, posé à hauteur de notre tête sur un piétement métallique fin, tube et platine, un haut-parleur sur chaque face. Le câblage rejoint un Macintosh, l'écran affiche une sphère que le designer sonore oriente et sur laquelle il dessine des trajectoires. Alors le groupe s'aligne sagement sur une ligne médiane, axe qui offre la meilleure stimulation de l'ouïe, l'engin se déclenche.

Lentement, au fur et à mesure de l'écoute, je comprends qu'il s'agit d'une expérience de perception inouïe, une nouvelle potentialité de l'oreille que je découvre alors que ce sens me semblait connu. J'entends des formes; des solides évoluent dans l'espace, je pourrais les dessiner.
Un cône couché et écrasé pivote de droite à gauche depuis le sommet, pivote en bourdonnant sur quatre-vingt-dix degrés. Et au-devant du cône se succèdent des événements; d'abord l'équivalent d'une neige télévisuelle, crépitements, cendre, poussière, qui prend la forme d'un plan courbe; puis un point, un point clochette qui surgit au tout premier plan et crée avec le cône un fort contraste de forme et texture; le point clignote, bille présente absente, soudain effacée par le crépitement qui s'étend cette fois à une demi-sphère qui englobe la Timée.

Jour de juin 2000, portes ouvertes de l'Ircam (Institut de Recherche et de Coordination Acoustique/Musique), département de design sonore, Centre Pompidou, Paris.

**Fakir**

On m'a annoncé qu'il serait bientôt remplacé, *Fakir*, découvert en 1996 lors de ma première visite au Musée Albert Kahn pour l'exposition *Dahomey 1930*. À un moment du parcours je suis intrigué par un volume vitré, petite pièce de la taille d'un kiosque à journaux, je perçois un ordre, une organisation, des voyants lumineux, je pense lieu de stockage, archivage mais le dispositif résiste, semble indéterminé, probablement mécanique, électronique et informatique. Un moniteur, seule forme reconnaissable, annonce *Fakir* en lettres jaunes sur fond noir. Je retourne à l'exposition. À la fin de la visite, se pose à nouveau la question de *Fakir*; une signalétique indique justement la direction à suivre puis une cimaise annonce enfin *Fonds Albert Kahn Informatisé pour la Recherche*. L'espace de consultation accueille dans une pénombre feutrée, on s'installe devant des écrans, effleure des claviers noir satiné, touches aluminium brossé, graphisme blanc. Le menu déroule les principaux renseignements sur le musée puis propose de visualiser les nombreux autochromes, rushes et films des *Archives de la planète*, projet d'Albert Kahn *généreux financier qui décide en 1909 de fixer, par la photographie et la cinématographie, « des aspects, des pratiques et des modes de l'activité humaine dont la disparition fatale n'est plus qu'une question de temps ». Sous l'égide du géographe Jean Brunhes, il envoie des professionnels dans cinquante pays...* On sélectionne le visionnage d'un film, le menu disparaît et nous laisse face à une image incompréhensible, comme une perspective issue d'une caméra de surveillance, en fait le cadrage en contre-plongée du dispositif indéterminé. Au centre, un robot qui domine de son tronc massif d'où se détache une pince articulée. Soudain le robot s'anime, lent et concentré, cherche quelque chose parmi les colonnes et lignes de cassettes qui ressemblent à des façades de buildings, il ne cherche pas, il rejoint une destination ; les mouvements coordonnés du tronc et de la pince alternent horizontales et verticales, décomposent courbes et obliques. Un sous-titre annonce *Le système effectue le repérage du document*, le robot approche de la façade, saisit une cassette et l'extrait avec soin. Il reste immobile, *La cassette est en rembobinage*. Il pivote alors et se positionne devant un lecteur, la pince projette des signaux rouges sur la trappe, à plusieurs reprises. *Autorisation.* Elle introduit la cassette aux deux tiers, s'éloigne et revient la pousser légèrement. *Le visionnage pourra commencer dans les quinze secondes*. Lumière, mouvement, espace. Des personnes, des paysages qui n'existent plus s'animent, remis à la cadence, dix-huit images seconde ; prisonniers et éternellement saufs. *La ruine d'Albert Kahn empêche de mener à terme cet inventaire du globe. Cette œuvre documentaire multimédia, qu'il crée avant la lettre, est présentée aujourd'hui grâce à un système audiovisuel performant : le visiteur peut faire la projection de son choix sur des postes de consultation individuelle.* Vue en contre-plongée. Gestes consciencieux et délicats, *Fakir* sait nous faire patienter avec une mise en scène de sa propre technologie. Son remplaçant, déjà en place ou à venir, n'en aura pas besoin, il exploitera des données numériques et nous apportera vitesse et exhaustivité. Il sera simplement performant.

## La Jeanne, Retour à Fakir

Fière et droite, son visage flotte au milieu d'une belle tignasse coiffée d'un heaume, la Jeanne noire chevauche le destrier, porte haut l'étendard suivie d'un cortège d'enfants en uniforme, culottes et chemises claires, ceintures et bérets sombres, traverse la cour de la mission bondée, la foule remonte sur l'escalier et les coursives d'un vaste bâtiment. Je garde en tête cette image noir et blanc, photogramme reproduit dans le catalogue d'exposition du Musée Albert Kahn *Pour une reconnaissance africaine*, légendé *Fête de Jeanne d'Arc dans les rues de Porto-Novo, le 11 mai 1930, Dahomey, sortie de la cour de la mission*. En 1930 cette fête religieuse devient fête nationale suite à la canonisation de Jeanne d'Arc en 1920. Un après-midi à la bibliothèque du centre Pompidou, trois ou quatre ans plus tard, j'aperçois la jeune fille à cheval en feuilletant un livre sur le missionnaire Francis Aupiais au Dahomey. Mais c'est une autre image. Ce jour, Jeanne surgit à nouveau mais quelque chose à changé ; ce qui l'entoure, l'environnement qu'elle traverse. Cadrage presque identique et cortège toujours présent, mais un grand arbre et une maison en banco couverte de tôle ondulée font décor. Cette nouvelle image donne vie au défilé, atteste d'un mouvement, second point qui permet d'imaginer un segment. D'une image à l'autre, aucun point de repère ne suggère de distance, de durée ou de trajet, excepté que le bâtiment de la mission est hors-cadre et que la foule semble désormais s'étendre sur plusieurs centaines de mètres. Ces photogrammes proviennent du film *Le Dahomey chrétien* réalisé pour la

Société des missions africaines de Lyon et les Archives de la planète. Je retourne au musée consulter *Fakir*. Le robot part à la recherche de la cassette vidéo. Le défilé se trouve presque à la fin du film ; impatient, j'ai l'occasion de découvrir des séquences étonnantes ; un attelage volant de bonnes sœurs arrivant de France déposées par une grue sur un appontement – le wharf de Cotonou –, une fillette qui zieute l'ardoise de la voisine, une femme qui raconte sa conversion à un prêtre local qui acquiesce de la tête à chaque parole (muette ici), d'autres fillettes qui se succèdent au tableau noir pour compléter un mot de bienvenue sous la direction d'une sœur, des vues en pied de couples convertis, un public de garçonnets sur lesquels on teste l'effet d'un spectacle de Guignol, interdits, captivés, amusés et qui finissent par participer, des jeunes filles en apprentissage d'activités de parfaite ménagère. Enfin la cour de la mission, début du défilé ; on s'apprête à saisir l'image au vol, elle approche, on la tient, elle s'éloigne, comme si on faisait le point dans le temps, elle n'est déjà plus qu'impression, absorbée par le mouvement puis recouverte par l'enchaînement des plans. La seconde image s'annonce, on croit la fixer, elle se perd. La séquence, fugace, au plus une minute, cadrage fixe, donne peu d'indications sur le déroulement du défilé, on devine malgré tout un trajet peu étendu, une promenade. L'atmosphère dramatique des photogrammes est adoucie par le mouvement qui apporte proximité et banalité. Quand ces manifestations ont-elles pris fin, quelle mémoire ont-elles laissé, la Jeanne changeait-elle chaque année ? *Le père Aupiais, pendant toute la durée de son séjour au Dahomey, a été un organisateur de fêtes et de spectacles d'une prodigieuse activité et d'un talent supérieur. Ses fêtes de Jeanne d'Arc ont laissé dans la colonie un souvenir durable*. Je retourne au menu, commande le visionnage de rushes ; le père Aupiais, hyperactif dans les bords du cadre, prépare le filmage de Frédéric Gadmer, canalise avec autorité les spectateurs afin qu'aucun mouvement ne parasite le premier plan. *La ville entière se forme en cortège pour accompagner la jeune africaine qui représente Jeanne d'Arc, les foules qui communient pleinement au mysticisme de la fête, observent dans un recueillement de procession, Jeanne, la bergère de Domrémy écoutant les Voix*. À l'issue de la fête, on imagine la Jeanne libérée de l'armure, radieuse, qui retourne au civil, désormais connue de tous dans cette ville de la colonie et éternisée sur la bobine.

## Vidéo

À chaque anniversaire de sa mort le chanteur danse à la télévision. Depuis quinze ans il danse mort, Il entre toujours par la droite de l'écran en souriant, accompagné de musiciens qui comme lui miment le jeu avec leurs instruments débranchés. Il fixe le téléspectateur, lui fait un clin d'œil. Un arpège de guitare folk introduit la chanson. C'est un slow, il danse lentement avec lui-même, enserre le vide de ses bras.

À la fin du morceau montent les applaudissements, le présentateur le prend par l'épaule. Merci, merci, merci, pour cette belle chanson, en direct. Le présentateur a raisonnablement mûri depuis, les images datent d'un quart de siècle, mais il est resté mince et bronzé, mais visage plus marqué, cheveux toujours noirs. Le présentateur que l'on voit à l'image n'existe plus, il est bien vivant mais n'existe plus comme tel. Il relâche l'épaule du chanteur et lui fait face. Tu reviens quand tu veux, tu es ici chez toi. L'écran montre deux hommes souriants presque quadragénaires. La texture brillante de la vidéo les ramène continûment au présent. L'image actualisée pourrait montrer les deux hommes rejouant la scène aujourd'hui. Le sexagénaire prendrait un squelette par l'épaule.

Tu es ici chez toi. Nouveaux applaudissements, le chanteur s'incline et bise le public des deux mains, dit au revoir en se tournant. La régie arrête l'enregistrement. La séquence vidéo prend son autonomie, reste définitivement inscrite dans un temps donné, le présentateur et le chanteur s'éloignent chaque seconde de ce décalque de leur apparence, continuent à vieillir. En regagnant sa loge, le chanteur s'aperçoit sur un moniteur en léger différé, deux minutes et vingt secondes, ne se trouve pas trop mal. Pendant le démaquillage, il analyse sa prestation puis se change, sort rejoindre le taxi. Une dizaine de fans se précipite sur lui, il signe des autographes, dédicace des disques, entre finalement dans le taxi, pense à la répétition du lendemain après-midi. Il a maintenant vingt-cinq minutes d'avance sur la séquence vidéo. Le taxi démarre. La séquence est stable dans la boîte, codée sur la bande magnétique, prête à la rediffusion.

# Un aultre tableau de main

**I - 1994**

Dans la grande galerie du premier étage de l'aile Denon, au Louvre un dimanche, parmi les peintures de la Renaissance italienne, je remarque un petit tableau accroché bas. Deux jeunes hommes, l'un brun et l'autre roux, l'un nous fixe avec morgue, l'autre, impassible, regarde derrière nous. Ils pourraient être des contemporains habillés tels qu'à l'époque. On imagine les intentions du peintre, énigme, équilibre, réussir un portrait qui s'impose. Le cartel, *Portrait de deux jeunes hommes, école vénitienne du XVI*ᵉ *siècle.*

**II - 1994**

Le Louvre un dimanche, je revois quelques Flamands puis rejoins les Italiens. Le tableau a été déplacé, je reviens sur mes pas. Il était à sa place. Les deux jeunes hommes posent devant un fond sombre cadré d'un arbre à droite et d'une montagne à gauche, au loin sur un ciel nuageux. *École vénitienne, XVI*ᵉ *siècle.*

Le tableau me plaît. J'avais ressenti la première fois une empathie immédiate, une séduction. Je suis saisi par la proximité physique qui provient des personnages. Ils semblent participer au présent. Leur présence est faite d'évidence et de silence, d'implication et de distance.

Lentement des gens s'agglutinent et nous nous retrouvons à cinq ou six la tête baissée vers le portrait.

**III - Novembre 1994**

Je visite la section récemment aménagée des *Arts de l'Islam*, puis les *Antiquités égyptiennes* et poursuis sur la Renaissance italienne. J'ai pris quelques vues avec un autofocus au flash intempestif et m'attends à la faible qualité des photographies.

Elles sont brûlées au centre et sombres sur les côtés.

– Un chandelier du Moyen-Orient en argent à la base massive et ornementée,

– Un couteau turc au manche de corail rouge qui évoque une branche sinueuse et bourgeonnante,

– Une statuette égyptienne de garçonnet en os, l'index appuyé sur la lèvre inférieure comme s'il se posait une question fondamentale,

– Deux scribes assis en schiste,

– Un couple de panneaux peints qui doivent provenir des volets d'un diptyque médiéval, chacun est composé verticalement de trois scènes religieuses,

– La perspective d'une partie de mur avec presque au centre le portait entouré d'un halo grisâtre. La suspension murale l'incline vers le sol,

– Le portrait vu légèrement en plongée. L'impact lumineux révèle la texture de la toile et celle de l'encadrement, composé d'un cadre intérieur fin (deux à trois centimètres) peint en noir avec un liseré doré et d'un second au moins quatre fois plus large en bois pyrogravé,

– Le portrait de face plein cadre et ébloui. L'impact couvre les visages. L'image se devine sous les brillances.

**IV - 1995**

Je téléphone à la documentation du musée, demande à connaître l'auteur et l'historique du portrait. Une dame charmante me prie de patienter quelques minutes. Me dit à son retour : Cariani.

Dès le lendemain je reçois un courrier ; sur la carte de correspondance une annotation manuscrite *Dernière attribution suggérée Vittore Belliniano, cordialement*, puis plusieurs pages photocopiées en français, en italien et en anglais.

En haut de la première page figure la mention dactylographiée de la documentation. Comme si la machine avait été grippée les caractères se superposent en se dédoublant :

*Arnauld BR…JON DE LA VERGI…E*
*L'inventaire Le Brun de 1683*
*La collection des tableaux*
*de Louis XIV*
*Paris, RI…, 1987*

En dessous, un texte composé en divers caractères commente l'inventaire Lebrun en le citant régulièrement. Extraits :

*107*

*« Un aultre tableau de la main de Jean Bellin représentant son portrait et celuy de son frère peint sur toille, hault d'un pied 3 pouces 1/2 sur 1 pied 11 pouces de large avec sa boisure dorée. [0,40 x 0,61].*
*... veu à Paris le 8 aoust 1690 ».*

*Cariani Giovanni (1480-1485 - 1547)*
*PORTRAIT DE DEUX JEUNES GENTILHOMMES VENITIENS, dit autrefois PORTRAIT DE GIOVANNI ET DE GENTILE BELLINI (...)*

*«L'on voit, répartis-je, dans le Cabinet du Roy les portraits de ces deux frères dans un mesme tableau que Gentil a fait, lors qu'ils estoient encore fort jeunes ». L'attribution à Gentile Bellini apparaît pour la première fois sous la plume de Félibien, mais elle n'est pas reprise par Le Brun. Les gens du dix-septième siècle faisaient-ils bien au fond la différence entre Gentile et Giovanni ? Ce tableau est encore attribué à Giovanni Bellini par certains historiens. D'où vient cette hésitation dans l'attribution ? Le tableau étant plus moderne que Bellini et archaïque en même temps, il en résulte une sorte de méprise.*

Deuxième ouvrage :
*Giovanni Cariani*
*Rodolfo Palluchini / Francesco Rossi*
*edizione promossa dal*
*CREDITO BERGAMASCO*
*MONUMENTA BERGOMENSIA - LXIII*

*64*
*Parigi, Musée du Louvre*
*RITRATTO DI DUE GENTILUOMINI VENEZIANI (fig. 3)*
*Olio su tela, cm. 44,5 x 63 (n. 101)*
*1510-1512*
*Provenienzia : originariamente nella raccolta Gabriele Vendramin a Venezia (cfr. inventario, 1569) ; passato*

*all'inizio del '600 in proprietà di Carlo I re d'Inghilterra; acquistato dal banchiere Jabach per conto di Luigi XIV di Francia, prima del 1666 (cfr. Félibien); inviato nel 1692 a Versailles, e poi al Louvre (...).*
*La tela va probabilmente identificata con « un altro quadreto con doi nobili venetiani de man de Zuan Bellin (...)».*

Troisième ouvrage. :
*THE GENIUS OF VENICE*
*1500-1600*
*exposition à la*
*ROYAL ACADEMY OF ART - LONDRES -*
*1983 – 1984* "

*Giovanni Cariani*
*Fulpiano val Imagna (?) c. 1485 - Venice after 1547 (...)*
*Cariani was probably born in the region of Bergamo, but he was trained in Venice (where he is recorded from 1569), first in Giovanni Bellini's workshop and then in the circle of Giorgione (...)*
*F. R.* "
A sa façon de prendre à témoin celui qui regarde, on soupçonnerait le brun d'être impliqué dans la réalisation du portrait.

**V - 1996**
Lors d'une visite je le montre à une camarade puis, dans les jours qui suivent, en parle à des connaissances qui travaillent au musée.

**VI - 1996-1998**

J'oublie le tableau et le retrouve de temps à autre lorsque je consulte la chemise où est rangée la documentation accompagnée de notes manuscrites.

**VII - 1998**

J'essaie de me remémorer mes sentiments initiaux. La façon dont j'ai remarqué le tableau, la première impression. Au début j'étais intrigué puis au fil des mois est venue une part de jeu, jeu d'enquête où l'on entretien un rapport exclusif avec une pièce à conviction. Les lieux du nombre et de l'accumulation - bibliothèques, musées, marchés - sont propres à susciter cela : le choix, l'élection.

**VIII - 1er avril 1999**

Je reprends les documents et notes accumulées et rappelle la documentation du Louvre. Quelques minutes plus tard, un historique issu d'un catalogue d'exposition me parvient par fax.

*LE SIÈCLE DE TITIEN*

*5*

*Peintre anonyme vénitien,*

*début du XVIe siècle*

*Portrait de deux jeunes hommes*

*Toile. H.0,45; L. 0,63*

*PARIS, MUSEE DU LOUVRE,*

*DEPARTEMENT DES PEINTURES*

*INV. 101*

*Ce tableau fut longtemps célèbre et admiré. C'était la peinture vénitienne la plus ancienne des collections royales. Delacroix et Cézanne l'ont copiée. Sa notoriété*

*était due au fait qu'on y reconnaissait les deux frères Bellini, peints soit par Giovanni ( Inventaire Le Brun, 1683; et autres inventaires jusqu'à Vollot), soit par Gentile (Félibien, 1666; Villon, 1849), jusqu'à ce que Crowe et Cavalcaselle (1871) suggèrent une attribution à Cariani et que soit définitivement abandonnée l'identification des modèles avec les frères Bellini (...)*
*Nous serons tentés de suivre cette voie, si l'incertitude sur l'état original de la surface picturale (il est difficile de juger aujourd'hui des modelés forcément aplatis et masqués par d'épais vernis) ne nous inclinait à la prudence (...) Les deux modèles réunis devant un drap d'honneur (...)*
*M. L.*

Giovanni Bellini, Gentile Bellini, Giovanni Cariani, Vittore Belliniano, puis, Anonyme. Le tableau a donc été considéré momentanément comme un autoportrait de Gentile ou Giovanni Bellini, donc un semi-autoportrait ou un double ou plus justement un portrait et un autoportrait.

**IX - 1999**
Je photocopie en pleine page l'image du tableau reproduite dans le catalogue *Le siècle de Titien*.
La composition est frontale, centrée, de tonalité sourde et animée par une asymétrie qui provient tant de la circulation des lumières et des couleurs que du dessin.
On voit d'abord l'œil du brun en pleine lumière, qui nous fixe – le point de focalisation du tableau – puis à droite un peu plus bas, le visage du roux qu'on regarde plus paisiblement, il ne nous fixe pas, on suit la descente de la lumière, de ses yeux au col de chemise, on élargit au volume des

cheveux, on gagne ensuite l'angle en bas à gauche : le col de fourrure claire tachetée du brun, puis on remonte sur les ouvertures à droite à gauche de la masse sombre du drap d'honneur, qui cadrent sur un ciel nuageux un arbre et une montagne. Deux points de fuite.
La lumière sur les visages est frontale. Le roux, à la carnation plus blanche, se tient tête de trois quarts face, épaules de face ; le brun, plus tourné vers l'intérieur, épaules de trois quart face, montre un visage presque de profil.
Le col de fourrure claire assoit le bas du tableau et joue en contrepoint oblique avec la chevelure rousse qui semble se dédoubler dans le col de fourrure rousse.
Deux triangles semblent se former dans l'espace, celui, ouvert, qui se projette de notre œil vers les deux points de fuite ; l'autre, fermé, celui de leurs regards qui se croisent à l'extérieur du tableau, de notre côté.

**X - 7 mai 2000**

*Posséder et détruire, stratégies sexuelles dans l'art d'Occident, L'empire du Temps, mythes et créations, Gravures et dessins de Rembrandt, coll. Edmond de Rotschild*, suite à ces expositions temporaires, je rends visite au portrait. Le cartel indique :

*Peintre anonyme vénitien*
*début du XVI^e^ siècle*
*Portrait de deux jeunes hommes*
*Pour l'auteur de ce tableau, plusieurs*
*noms nous ont été proposés, ceux de*
*Giovanni, Gentile Bellini, Giovanni*
*Cariani et, depuis peu, Vittore Belliniano.*
*Collection de Louis XIV, entré avant 1683* *INV.101*

L'encadrement a changé, il est composé d'un cadre intérieur simple en bois rouge, d'un second en bois sculpté doré et vermoulu, et paraît plus ancien.
Le tableau semble n'avoir changé ni de place ni de voisins dans la galerie. Sur l'une des photos de 1994, je constate que le voisin du dessus est le même.

**XI - Janvier 2001**
Je relis la totalité de la documentation et découvre alors des indications qui relient les différents ouvrages.
Je remarque sur l'extrait du catalogue *Le siècle de Titien*, au paragraphe Bibliographie, le nom *Brejon de Lavergnée* que j'avais finalement renoncé à décrypter.
Le texte en anglais sur Cariani est signé F. R., probablement Francesco Rossi, il donne en références Ballarin 1968 et Palluchini 1982, et Rodolpho Palluchini avec lequel il rédige l'ouvrage *Giovanni Cariani* paru en 1983.
On pourrait envisager que le brun se regarde dans un miroir. Autoportrait du brun et portrait du roux. Lequel est Giovanni ou Gentile ? Les deux ne se ressemblent pas, sauf lorsque l'on regarde le bas des visages qui montrent des similitudes. Sont-elles propres aux modèles ou au style du peintre ?
Par la direction prise par l'histoire de cette peinture, les informations contenues dans le catalogue *Le siècle de Titien* paru en 1993, donc avant mon premier arrêt sur le tableau et la lecture de la première documentation, sont à ce jour devenues la référence.
Plusieurs principes d'attribution seraient à ce moment envisageables.

Le tableau est un portrait de deux anonymes peint par un anonyme ; le portrait des Bellini fait par un anonyme de leur atelier ; le portrait des deux peintres par Cariani ; le portrait des deux peintres réalisé par l'un, l'autre ou les deux, donc à la fois l'autoportrait de l'un ou de l'autre joint au portrait de l'un ou de l'autre.

**XII, 22 avril 2001**

L'accrochage de la galerie a été totalement repris et le tableau déplacé. Son voisin immédiat, maintenu par un support métallique volumineux, est visible sur les deux faces. Le portrait aurait presque été caché par cet ensemble si, en provenance de l'exposition de préfiguration du musée des *Arts premiers*, je n'effectuai le parcours à contresens.

Je le regarde longuement. Les visages traversent diverses expressions. L'œil, dans ses mouvements et positions successifs sur la toile, devine un sourire puis de la méfiance, de l'ironie, de la noblesse, de la bienveillance, de la morgue, de l'indifférence, de la connivence. Mais, dans ce musée, ce n'est pas le seul portrait à nous faire hésiter.

# Designs

## Résilience

Je suis designer et chirurgien
mais aussi chimiste et coach
Ce n'est pas une étude de marché mais une approche intuitive qui m'a mené jusque-là
Je crois que notre monde concurrentiel encourage à inventer son propre métier, trouver sa place
J'ai toujours noté que nombre de gens se plaignent
de leurs espaces, de leurs meubles, de leurs objets
pas pratiques, pas confortables, pas solides, pas beaux
J'ai choisi d'améliorer le rapport de l'Homme à son environnement
en dépassant l'intervention sur les choses
en initiant l'adaptation des Hommes et de la Matière aux objets et aux espaces
Pour résoudre ces problèmes j'ai développé quatre grands domaines d'action
Le physico-chimique:
il s'agit de s'attaquer à la base. Prenons une carafe qui verse trop large. On tente de corriger la nature des fluides terrestres ou les lois de la gravitation pour qu'un filet d'eau ait un peu plus de tenue
Le chirurgical et l'orthopédique:
il s'agit d'inventer de nouvelles configuration du corps, de diversifier les types humains. Chaise à l'assise trop courte? On réduit la hauteur des jambes de la personne (on peut gagner au choix sur le mollet ou sur la cuisse). Pour un siège bancal, je propose de donner aux jambes un carrossage négatif, comme une Renault 8 Gordini. Inspiré des genoux cagneux (Genu Valgum), il offre une

grande stabilité. Un plafond trop bas sera oublié en portant un corset convexe qui fait le corps plus ramassé et, par là, supprime la sensation visuelle d'étouffement. Pour un lit trop dur, le plus efficace est de greffer un boudin de tissu adipeux sur la crête des vertèbres, un autre sous les reins

Le mental:

il s'agit de convaincre le patient que son environnement lui convient tel qu'il est. J'amène le patient à changer son regard sur la vie, à prendre un peu de distance

Le fonctionnel:

il s'agit de changer l'affectation d'un espace ou d'un objet ainsi que sa représentation symbolique, qui, on l'oublie trop souvent, est partie de la fonction. Un poste de télévision trop massif peut devenir un support de napperons, un tire bouchon se transformer en bibelot, une table en sculpture, une usine en lofts

Voyez, nous sommes bien loin du très normatif Modulor
définitivement désuet en regard de mon souci
d'offre diversifiée
Il faut dépasser la simple valeur d'usage des objets
très « mouvement moderne », réactionnaire
pour se concentrer sur la valeur d'usure
celle que le cadre de vie produit sur le corps
passer de l'usager à l'usagé
Et c'est là que l'on devient un Homme
quand on accepte d'être marqué par son passage sur Terre.

## La chaussure

Changer de chaussure change l'allure
C'est le commun du chaussé
qui sait que le statut de sa silhouette
dépend de ce socle qui l'ancre au sol ou l'allège
lui compose une démarche décontractée ou sévère
Chaussure, notre terminaison au sol.

## La Picasso

Prendre la Picasso
s'occuper de son cas
mal nommée
fagotée comme si trois personnes l'avaient dessinée
sans se concerter
face, profil, arrière
les vues se raccordent mal
volume incohérent
la débaptiser
la renommer
*C* quelque chose
prendre une masse et une contreforme
et enlever le creux des ailes
les désemboutir
creux qui contredit la forme ovoïde
changer les feux arrière
réduire l'empattement
la roue arrière semble rejetée bien loin derrière
pourquoi tout cela ?
son succès nous donne tort
c'est un bon produit
elle est donc idéale ainsi.

## La petite

Chardatène ! Chardatène !
La petite a bien dormi cette nuit
Chardatène !
Elle dort bien. Seulement, depuis une semaine vers trois-quatre heures du matin, elle nous réveille en parlant à voix haute. Mais elle dort. C'est étrange quand elle dit
Chardatène ! Chardatène !
puis
Tanouvo !
Qu'est-ce qu'il y a ma chérie ?
Mais elle dort profondément
Tanouvo !
À douze mois elle ne parle pas, elle gazouille, commence à bredouiller
Chardatène ! Tanouvo !
sont pourtant bien articulés
Le pédiatre nous écoute, poli, agaçant. Je lui dis
Bon si vous doutez, voici un enregistrement
Il fronce les yeux en écoutant et se reprend
Je crois qu'il faut attendre un peu, pas d'inquiétude tout va bien, amenez-la que je l'ausculte. Vous savez, la nuit elle rêve comme tout le monde, mais il est vrai qu'à douze mois parler ainsi est étonnant
Vous le dites
En même temps ce ne sont que des syllabes, pas des phrases. Elle rêve voyez-vous, même dans le ventre ils rêvent déjà. Peut-être est-ce la télé, elle la regarde ?
Non, nous n'en avons pas

Et vous la faites garder ? par une nounou, par des parents ?
Non plus
Rappelez-moi dans deux semaines
Finalement on a abandonné, on s'habitue, ses mots ne nous réveillent presque plus
Chardatène
Dans la journée elle ne parle pas encore, gazouille toujours
Ada Beu Ba
tout est normal, les siestes sont calmes, la petite dort bien la nuit
Tanouvo Chardatène
Un jour au réveil le pédiatre nous appelle
Je crois que j'ai trouvé, je suis sérieux mais n'ayez pas peur
je crois que c'est l'esprit qui parle en elle, oui
l'Esprit nouveau
Charte d'Athènes, Temps nouveaux
L'esprit de la modernité à soufflé sur elle
Vers trois ans, elle parlait encore la nuit, toujours
Chardatène, Tanouvo
C'est à cette époque qu'elle commença à dessiner, à la maternelle elle traçait souvent des croix, de plus en plus de croix, plein de croix. Un jour où j'étais à regarder un livre d'architecture au salon, elle a crié. Je venais de tourner une page quand elle a crié, pointé le doigt sur une image en noir et blanc
Le plan Voisin
La perspective aérienne du plan Voisin du Corbusier. Des tours cruciformes s'étendaient sur une partie du centre et du nord de Paris rasé pour l'occasion. Et pour la première fois elle prononça une phrase d'un souffle et en me regardant dans les yeux

Les constructions hautes implantées à grande distance les unes des autres doivent libérer le sol en faveur de larges surfaces vertes.

## La basket

La basket des années 90-2000
nous invente une démarche
La basket bodybuildée hypertrophiée
de ces temps
nous invente une démarche
jusqu'alors jamais vue
Une silhouette qui s'ancre au sol
mais rebondit avec décontraction.

## Charrette

Il est en retard, le rendu du concours aura lieu demain
Pauvre architecte que je suis, se lamente-t'il
Je n'ai rien fait aujourd'hui
Ah, si j'avais un peu de monde pour m'aider, un ou deux dessinateurs, un maquettiste, je n'en serai pas là
Découragé, seul dans sa petite agence au rez-de-chaussée de la maison, il regarde le peu de travail abouti et se trouve alors pris d'une immense fatigue
Le tube fluorescent se met à clignoter
Une saute de tension sûrement
Le tube fluorescent baisse d'intensité
Il cligne des yeux puis se précipite sur l'ordinateur
s'assure de la sauvegarde du fichier en cours
Le tube fluorescent se met à éblouir
Insupportable
il ferme les yeux, inquiet
entend des chuchotements
Ouvre les yeux
Quatre silhouettes en contre-jour
Mies
Prouvé
Corbu
Scarpa
le regardent, penchés sur la table à dessin, Mies lui sourit
Tu n'es pas en avance mon gars, pas de temps à perdre
Je propose que l'on fasse une petite réunion
Il les écoute débattre, détruire son projet et le redessiner
Qu'en penses-tu, tu es d'accord bien sûr ?

Incapable de parler
Scarpa commence à crayonner sur un calque, Corbu prend des notes, Prouvé dessine sur une feuille blanche, Mies regarde l'écran de l'ordinateur
Excuse-moi, cette machine me fascinera toujours
Bon, installe-toi à l'ordinateur pour faire les plans, nous allons te faire une maquette, des perspectives en couleur et un texte de présentation du projet
Il faut qu'à huit heures nous soyons partis
Au travail
L'architecte se met à la machine, récupère les crayonnés au fur et à mesure, dessine le nouveau plan, les coupes, quelques détails, jamais il n'avait travaillé aussi vite
Le temps passe si lentement qu'une heure lui semble un jour il ne sent pas la fatigue
Les plans s'accumulent, la maquette est presque finie
Le jour commence à pointer
Prouvé est en train de faire quelques photocopies de ses dessins à la main, Scarpa les colle progressivement sur les panneaux en carton plume
Le traceur finit de sortir les plans
Huit heures
Mies claque des mains, c'est fini !
Les quatre se regroupent et se dirigent vers la porte
Allez, bonne chance
Il fait jour
L'architecte emballe les panneaux de kraft, vérifie une dernière fois les papiers administratifs
Il prend la voiture, dépasse les limitations de vitesse
A dix heures moins dix il entre dans le bureau des offres et dépose le dossier, le type lui remet un reçu

Il rentre chez lui, se pose mille questions, commence à
avoir peur, ouvre lentement la porte de l'agence
Il reste des traces du passage des vieux
Il se trouve alors pris d'une grande fatigue
rangera plus tard
Ferme la porte, monte se reposer.

## La Clio

Renault a donné une nouvelle face à la Clio
on nomme cela *re-styling*
Clio 2ème génération donc
De grands yeux, un grand sourire
qui relancent les ventes
mais déséquilibrent la ligne bien structurée
calandre maintenant disproportionnée
la petite ressemble à la grenouille de La Fontaine
nouveau regard, nouveau sourire
explosion des ventes.

## La 407

Anachronique 407
une 406 hypertrophiée
énergie du désespoir
essayer d'y croire encore
une dernière fois bander les muscles
fumer des naseaux, ronfler du V6
la prise d'air, gouffre sous la calandre ou bouche de
poupée gonflable, souffle les chevaux
t'es propulsé de 0 à 200 en moins de 2
les flancs s'étirent à la rupture
Ils appellent ça design dynamique, la disent féline
Gorgée de testostérone, elle permet de poser
ses gonades sur la table tout en restant bien mis
au fond du siège multiréglages..

## Évolution

Début de soirée au début des années 2000 à Paris
les portes du salon du Meuble fermeront d'ici une heure
Un futur designer (mais ne l'est-il pas depuis toujours, finalement) capte une conversation
probablement entre un journaliste et un exposant
ils se plaignent
Malheureusement c'est une mauvaise année, ça n'évolue pas très vite en France, toujours 80 % du marché pour le meuble *de style*
Le futur designer ne cesse d'y réfléchir jusque dans ses rêves et le lendemain matin se lève radieux
J'ai trouvé
il lui reste quelques vagues souvenirs de l'Evolution
des espèces
Oui, le chaînon manquant bien sûr et struggle for life
Ces meubles, il faudrait les amener du *style* au *contemporain*, faire du meuble *de style contemporain*
Il scanne les images de quelques mobiliers
Louis machin, Napoléon tant, Rustique, Naval, Colonial
puis
Arad, Citterio, Starck, Tusquets, Wanders,
et ouvre le logiciel qui réalisera le *morphing*
technique informatique permettant de transformer
une image en une autre, effet de métamorphose
les formes convergent imperceptiblement, se contaminent
Pour le premier essai il choisit une chaise de Tusquets
et une de style Louis XVI
retient son souffle

Je crois que c'est un grand pas dans l'aventure du design
lance la machine, qui calcule cinq intermédiaires
Déception
Moins surprenant que prévu
vrai que Tusquets a versé dans le post-modernisme
Son regard s'attache finalement à la deuxième image
en partant du contemporain
convaincant voire séduisant
Cette nouvelle chaise va cartonner j'en suis sûr
ragaillardi, jusque tard dans la nuit il enchaîne les *morphings,* les possibilités semblent infinies
épuisé s'endort sur le clavier
L'étudiant designer (on le demeure probablement toute sa vie) se dit au réveil
Oui, il faudrait commercialiser uniquement le procédé, pas les produits, le procédé
C'est là que je suis en avance sur mon temps
je vends de l'intelligence pas des produits
Un nom, il faut un nom : Hybridics ? Ready Morph ?
non, plutôt Born Again quelque chose
Born Again Furniture, oui, Mobilier Re-Né
En fin de matinée il commence à douter
Si je me consacre à ce projet je ne ferai plus véritablement de design, je me tire une balle dans le pied, je tue la profession
Il faut que j'y réfléchisse encore un peu.

## Design minute 1

Chausser des lunettes de soudure
Prendre 2 mètres linéaires de tube acier
section carrée 15 mm
Les débiter et les souder de façon à réaliser
une structure cubique de 30 cm de côté
Découper une plaque d'acier de 5 dixièmes de mm
en 30 cm de côté
la souder sur le dessus de la structure
Obtenir un tabouret
S'asseoir
Faire attention à ne pas rayer le sol.

## Design minute 2

Redessiner le TGV de mémoire
de façon à ce qu'il puisse être construit
et rouler.

**Design minute 3**

Tourner un vase en terre
Le signer en dessous et le cuire
Le sortir du four
Le poser sur une commode de la maison
Le retourner de temps en temps
pour se satisfaire de la signature.

**Design minute 3**

Redessiner tous les dessins des grands prix de Rome
au Rotring 0,1
en s'assurant qu'ils paraissent bien supérieurs
aux originaux.

## À faire

Transformer chaque appartement en maison
ajouter un plafond et un sol en porte-à-faux
avec projections holographiques qui donnent l'illusion
d'un vaste ciel et d'un jardin immense
penser à les sonoriser d'une ambiance périurbaine
pavillonnaire ou rurale
Dessiner le projet.

## Extension

Pour supprimer l'effet de banlieue sensible
il suffit de la transformer en Paris
Amener la capitale en banlieue
Coloniser
Valoriser les espaces en leur donnant un caractère parisien
continuité et densité
Il suffit d'y aller progressivement
Transformer d'abord les barres en tours
puis en immeubles de 6 étages
il suffit de les sculpter avec une découpe laser
3D numérique et de récupérer les chutes
débris des étages 7 à 15 de la barre
qui serviront à bâtir de nouveaux immeubles
qui compléteront les précédents
pour former de nouveaux îlots au gabarit parisien.

## Sans raison

Ma tête ne connaît plus le repos
Le design m'a achevé ou plutôt, transformé
Ça n'a pas toujours été ainsi
Un jour j'ai découvert un sens nouveau dans ma vie,
je veux dire, ma perception s'est enrichie d'un nouveau sens
Je travaillais à l'époque dans un magasin spécialisé dans le moderne et le contemporain
mobilier, accessoires, chaises, canapés, tapis, bouilloires, presse-citron, coupes à fruit
Au revoir madame, merci beaucoup
(elle a pris un presse-papier Danese)
Soudain j'ai un étourdissement et m'appuie sur une chaise longue de Charlotte Perriand
Jeune homme, vous êtes sûr que tout va bien ?
fait-elle allongée sur la chaise
Je retire ma main, fais un pas de côté, ferme les yeux
Heureusement elle disparaît
Le magasin est silencieux, trop, j'entends les battements de mon cœur
Le téléphone sonne, une voix de jeune homme demande si nous sommes ouverts ce jour
Bien sûr, jusqu'à 19 heures et raccroche
Je me poste derrière la vitrine du magasin et regarde la circulation du boulevard Saint-Germain
Une jeune femme entre
Bonjour, dites-moi, est-ce que vous vendez la chaise des Eames, Aluminium chair

Je confirme et la prie de me suivre
D'un geste machinal je fais tourner la chaise sur l'axe
du piètement
En réajustant son col la jeune femme devient à la fois
Charles et Ray Eames
Ils regardent la chaise en discutant à voix basse
Je me fais discret, recule vers une banquette de
Marc Newson et m'assois
Aussitôt je me dis que ce geste est une folie
mais je me sens déjà en déséquilibre
incapable de rattraper le mouvement
Rien ne se passe
Je respire, soupire, soulagé
Je comprends alors une chose : je suis uniquement destiné
au contemporain
Désormais je m'assure que tout objet que je touche n'a
pas été conçu pas un designer mort
mais c'est rarement le cas et je redoute en permanence
leur intrusion dans ma vie
Je ne souhaite à personne de posséder le sens du design.

## Table

# La vie des systèmes


Ici ........ 9

Déplacement ........ 39

Là-haut ........ 49

Hommes, objets ........ 65

Animaux ........ 77

Des systèmes ........ 99

Un aultre tableau de main ........ 113

Designs ........ 125

**Chez Comp'Act**

*Extraits du catalogue*

• Claude Adelen
*L'émotion concrète,* chroniques de poésie
• Stefano Agosti
*Lecture de Mallarmé*, essai
• Fabrice Agret
*Corps de boue*, théâtre
• Louis Arti
*El Halia*, roman
• Jan Baetens
*Arts poétiques*, poésie
• Baptiste-Marrey
B.B., *Les aventures du brave écrivain Brecht entre l'Est et l'Ouest*, théâtre
• Andrée Barret
*Des gens qui ne partaient jamais*, récit
• Andrée Barret
*Progrès des signes sur l'esquisse*, poésie
• Jean-Louis Baudry
*La main d'un ange dans la fente du sarcophage*
• Mathieu Bénézet
*Les XXXX*, quatrains
• Michel Beretti
*De la nature des choses*, théâtre
• Michel Beretti
*Dunant*, théâtre
• Michel Beretti
*Le principe d'incertitude*, théâtre
• Philippe Blanchon
*La nuit jetée*, poésie
• Jean-Paul Bouchoms
*Jordan*, théâtre
• Yves Boudier
*L'enfant second,* récit
• Yves Boudier
*Fins,* poésie
• Pascal Boulanger
*Le corps certain*, anthologie

• Pascal Boulanger
*Jongleur*, poésie
• Giordano Bruno
*De la triade supérieure contraire*
bilingue, édité par Sébastien Galland
• Claude-Henri Buffard
*Jeanne heureuse,* théâtre
• Claude-Henri Buffard
*Mon lointain parent*
• Jean Pierre Ceton
*Les voyageurs modèles,* roman
• Geneviève Clancy
*De l'Esthétique de la violence,* essai
• François Clarinval
*Anissa*, théâtre
• Odile Cohen-Abbas
*Le livre des virginités*, proses contemporaines
• Collectif
*Georges Rouault et le Cirque*, monographie
• Collectif
*Les Sembles*, anthologie de poésie - 2004-2005
• Collectif
*Poésie et calligraphie*
*imprimée à Paris au XVII^e^ siècle*
• Collectif
*Sculpture gothique dans les États de Savoie*
• Collectif
*Impossibles Théâtres (XIX^e^ – XX^e^ siècles)*
• Gianni D'Elia
*Congé de la vieille Olivetti*, poésie
traduction de Bernard Simeone
• Pic De La Mirandole
*De l'imagination,* édité par Christophe Bouriau
• Alain Degange
*Omnia Ficta,* essai
• Alain Degange
*Le séjour plan,* essai
• Jacques Demarcq
*Contes z'à diction*
• Jacques Demarcq & Dominique Meens
*Hors Sol*

• Jan De Weck
*Vues d'Anvers,* chroniques littéraires
• Roger Dextre
*Livres perdus,* poésies, proses
• Roger Dextre
*Un cri* suivi de *Héritage*, dessins de Bachir Hadji
• Roger Dextre
*Albertine, le nom,* "Proust avant l'image"
• Saleh Diab
*Une lune sèche veille sur ma vie*, poésie
• Sylviane Dupuis
*Les enfers ventriloques*, théâtre
• Eugène Durif
*L'étreinte le temps*, poésie
• Malika Durif
*L'être morte*, proses
• Malika Durif
*Le procédé de l'oubli*, proses
• Malika Durif
*Terres vaines et vagues*, poésie
• Luciano Erba
*Sur la terre du milieu,*
Traduction de B. Simeone, poésie
• Florence Ehret
*Raimond Hoghe, l'ange inachevé*, essai
• Eschyle
*Les Perses,* trad. Myrto Gondicas
& Pierre Judet de la Combe
• Lilian Fashinger
*Main dans la main*, théâtre
• Cécile Fournier
*La voix, un art et un métier*, manuel
• Goethe
*Gottfried Berlichingen,* trad. P. Paul-Harang
• Goethe
*Clavigo*, trad. G. Brennen et Cl. Delarue
• Jean-Jacques Greneau
*Ce salaud de D.*, théâtre
• Denis Guénoun
*Scène,* théâtre

• Joseph Guglielmi & Christian Jaccard
*Le Pyromène*, poèmes et «combustions»
• Nedim Gürsel
*Voyage de Candide à Istanbul,* récit bilingue
• Jean-Claude Hauvuy
*S'obstinent, persévèrent...,* théâtre
• Alain Hélissen
*La narration vous change la vie,* récits
• Friedrich Hölderlin
*Carrières de grève*
trad. Roger Dextre, bilingue
• Arno Holz, *Phantasus*
poésie, trad. H. et R. Radrizzani
• Gerard Manley Hopkins
*De l'origine de la beauté,* trad. René Gallet
• Franck Houndegla
*La vie des systèmes,* dessins de Thierry Costesèque
• Simon Jallade
*La nuit d'Althusser,* théâtre
• Gilles Jallet
*L'ombre qui marche,* poésie
• Elisabeth Joannès
*L'étrangère*, théâtre
• Elisabeth Joannès
*Vieillevie*, récit
• Pierre Joffroy
*Treize essais de recomposition planétaire,* récits
• Gerrit Kouwenaar
*Une odeur de plumes brûlées,* poésie
• Virginie Lalucq
*Couper les tiges,* poésie
• Yves Laplace
*Kennel Club,* théâtre
• Patrick Laupin
*Les visages et les voix,*
Les mineurs de fond, essai.
• Patrick Laupin
*Poésie. Récit.* anthologie poétique
• Patrick Laupin
*Le courage des oiseaux,*
Les ateliers d'écriture, essai

• Armelle Leclercq
*Pataquès,* poésie
• Jakob Lenz
*L'anglais,* théâtre
• Jakob Lenz
*Les amis font le philosophe,* théâtre
• Jean Lewinski
*la la la,* récits
• Jean Lewinski
*Chine,* guide de recherche
et d'informations sur la Chine
• Sophie Loizeau
*La nue-Bête*, poésie
• Sophie Loizeau
*Environs du Bouc*, poésie
• Éric Maclos
*La petite annonce*
*faite à Jeanne-Marie,* poésie
• Henri Maldiney
*In media vita,* récit
• Henri Maldiney
*L'art, l'éclair de l'être,* esthétique
• Didier Malherbe
*L'anche des métamorphoses,* poésie et musique
• Jean-Loup Martin
*Hélène,* théâtre
• Thierry Martin-Scherrer
*La maison assiégée,* récit
• Thierry Martin-Scherrer
*Poème élémentaire des bords de la nuit*
• Xavier Maurel
*La main noire d'Antigone,* poésie / théâtre
• Jean-Paul Michallet
*Gouache*, roman
• Jean-Paul Michallet
*Le Silence*, roman
• Ivo Michiels
*Orchis Militaris,* roman, trad. K. Tommissen
• Ivo Michiels, *Les Adieux,* roman,
Trad. K. Tommissen

• Céline Minard
*R.*, roman
• Jean-Claude Montel
*Motus,* roman
• Florence Pazzottu
*L'accouchée,* récit
• Dominique Paquet
*Cambrure fragile,* théâtre
• Jean-Jacques Perrot
*Le jour du jugement*, mystère du Moyen-Age
• Mariné Pétrossian
*Je vous apporterai des pierres,* trad. Vahé Godel
• Mariné Pétrossian
*Erevan,* trad. de Vahé Godel
• Christian Peythieu
*Travaille ta fatigue,* théâtre
• Jean-Marie Piemme
*Emballez, c'est pesé !,* théâtre
• Jean-Pierre Pincemin
*Monkey business,* monographie
• Dominique Poncet
*Quijote !* ou *L'enfer en principe,* théâtre
• Dominique Poncet
*Le moins du monde,* monographie sur Jaboulay
• Dominique Poncet
*Les pentes fabuleuses,* roman furtif
• Michel Pouille
*La nature en peinture, Cézanne et l'art moderne*
• Michel Pouille
*La peinture lettrée*, pièges et chinoiseries
• Claire Rengade
*C'est comme Flash Gordon au début,* théâtre
• Maël Renouard
*L'œil et l'attente,* essai sur Julien Gracq
• Serge Ritman
*Ma retenue,* poésie
• Martin Rueff
*Lapidaire adolescent,* poésie
• Cesare Ruffato
*Cantates évasives,* trad. de Bernard Simeone

• Hélène Sanguinetti
*Alparegho, Pareil-à-Rien*, poésie
• Christiane Schapira
*Des bruits sans importance*, théâtre
• Egon Schiele
*Moi éternel enfant,* Trad. Nathalie Miolon
• Suzie Sébastien
*LukaLila,* théâtre
• Alain Sevestre
*Mes gaillards,* théâtre
• Jean-Marie Soreau
*Texte sur un nom de femme,* récit
• Yun Shi et Jacques Chatain
*Poèmes à chanter Tang & Song,* anthologie
• Vidosav Stevanovic
*Voltaire 222,* Trad. A. Riftig., récit, bilingue
• August Stramm
*Théâtre et Correspondance,*
Trad. H. et R. Radrizzani
• August Stramm
*Poésies et Proses,*
Trad. H. et R. Radrizzani, bilingue
• Jean Todrani
*Sudor Facil,* poésie
• Jean Todrani
*Les idées inconnues,* poésie
• Jean Todrani
*Exploits,* poésie
• Ernst Toller
*Théâtre,* Trad. H. et R. Radrizzani (2 vol.)
• Catherine Tresson
*L'ordre de la bataille,* poésie
• Véronique Vassiliou
*N.O le détournement*
• Alexandre Zotos
*La poésie albanaise,* anthologie, XV$^{e}$ / XXI$^{e}$
• Isabelle Zribi
*M. J. Faust,* Faust hermaphrodite, fiction

**Union Distribution** (Flammarion)
**La Fédération Diffusion** (Léo Scheer)

"La vie des systèmes"
a été photocomposé
en caractères Frutiger
et imprimé en mai 2005
pour le compte
des Éditions Comp'Act
à Chambéry (Savoie)

*Dépôt légal : deuxième trimestre 2005*
ISSN 1287-3047 LA POLYGRAPHE
ISBN 2-87661-349-2

Éditions
**Comp'Act**
Carré Curial
Chambéry

*Imprimé en France*